BEI GRIN MACHT SICH IHR WISSEN BEZAHLT

- Wir veröffentlichen Ihre Hausarbeit, Bachelor- und Masterarbeit

- Ihr eigenes eBook und Buch - weltweit in allen wichtigen Shops

- Verdienen Sie an jedem Verkauf

Jetzt bei www.GRIN.com hochladen und kostenlos publizieren

Bibliografische Information der Deutschen Nationalbibliothek:

Die Deutsche Bibliothek verzeichnet diese Publikation in der Deutschen National-
bibliografie; detaillierte bibliografische Daten sind im Internet über http://dnb.d-
nb.de/ abrufbar.

Impressum:

Copyright © 2002 GRIN Verlag, Open Publishing GmbH
Druck und Bindung: Books on Demand GmbH, Norderstedt Germany
ISBN: 9783638757386

Dieses Buch bei GRIN:

http://www.grin.com/de/e-book/10719/kostenguenstiger-wohnungsbau-auswahl-
von-dachsystemen

Marco Schneider

Kostengünstiger Wohnungsbau - Auswahl von Dachsystemen

GRIN Verlag

GRIN - Your knowledge has value

Der GRIN Verlag publiziert seit 1998 wissenschaftliche Arbeiten von Studenten, Hochschullehrern und anderen Akademikern als eBook und gedrucktes Buch. Die Verlagswebsite www.grin.com ist die ideale Plattform zur Veröffentlichung von Hausarbeiten, Abschlussarbeiten, wissenschaftlichen Aufsätzen, Dissertationen und Fachbüchern.

Besuchen Sie uns im Internet:

http://www.grin.com/

http://www.facebook.com/grincom

http://www.twitter.com/grin_com

Kostengünstiger Wohnungsbau
- Auswahl von Dachsystemen

von

Marco Schneider

2.Semesterarbeit

zum Thema:
Kostengünstiger Wohnungsbau
Auswahl von Dachsystemen

von

Marco Schneider

Inhaltsverzeichnis:

1. Allgemeines

Im Jahr 1998 erfolgt eine öffentliche Ausschreibung für den Neubau von 40 Einfamilien-Reihenhäusern in Niedrigenergiebauweise von Seiten eine genossenschaftlichen Baugesellschaft in Mannheim. Ziel dieser Ausschreibung war die Schaffung von Wohnraum bzw. Wohneigentum für junge Familien mit Kindern. Daher stand der kostengünstige Wohnungsbau im Vordergrund dieser Ausschreibung, was am Konzept, der Ausstattung und der Gestaltung der Häuser deutlich wurde.

Die Häuser sollten in zwei- bzw. dreigeschossiger Bauweise (7 Stück zweigeschossig, 33 Stück dreigeschossig) ohne Unterkellerung entstehen. Sie besitzen eine Grundfläche von ca. 4,60 x 11,00 m.

Zum Baubeginn dieser 40 Einfamilien-Reihenhäuser kam es allerdings erst Mitte 2002, da es zwischen dem Bauherrn und den Anwohnern des Baugrundstückes zu mehreren Gerichtsprozessen über die Rechtmäßigkeit des Bauvorhabens kam.

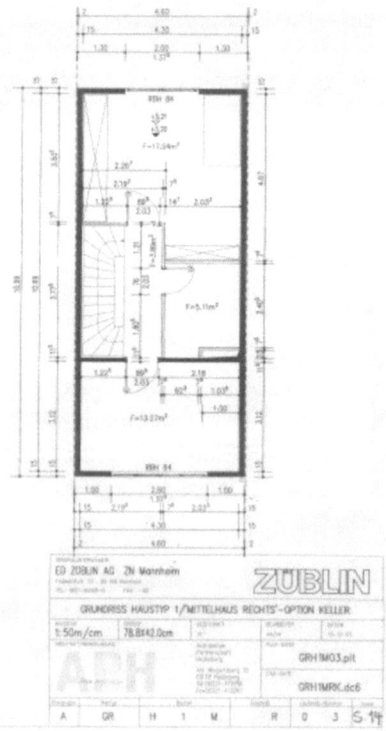

(Grundriss 2-/3-geschossige Bauweise)

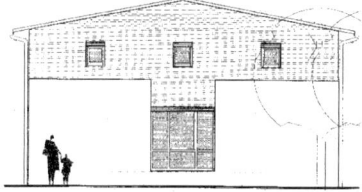

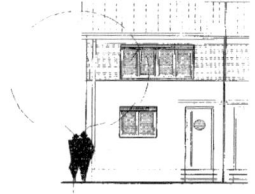

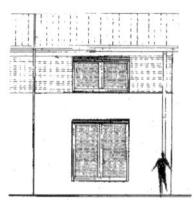

(Ansicht 2-geschossige Bauweise)

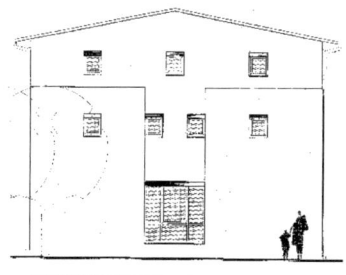

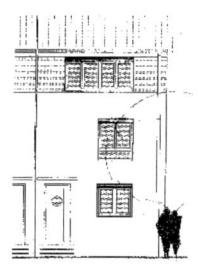

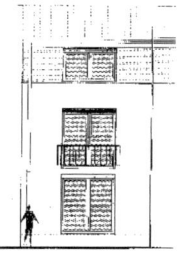

(Ansicht 3-geschossige Bauweise)

2. Aufgabenstellung

Die zu erstellende Dachkonstruktion, Fläche ca. 2400 m², wurde in der Ausschreibung wie folgt beschrieben:

3.1.7 Zimmererarbeiten DIN 18334 / Dachdeckungsarbeiten DIN 18338

Flachgeneigtes Satteldach mit ca. 11° - 12° Dachneigung

Pfettendachkonstruktion in Holz der Güteklasse II, alternativ Dachfertigteile oder Fertigdächer in Sandwichbauweise mit fertiger Untersicht im Innenbereich möglich!
Dachflächendämmung entsprechend der Niedrigenergiebauweise.
Dachdeckung mit Faserzement-Wellplatten System Berliner Welle, z.B. Eternit „Wellklassik Standard", Profil 5 oder glw.

Entsprechend fachgerechte First-, Ortgang- und Traufausbildung, wobei die Trauf- und Ortgangausbildung witterungsbeständig (Wellfirstkappen, Ortgangwinkel, etc.) auszubilden ist.

Entsprechend den Anforderungen an den kostengünstigen Wohnungsbau, wurden zusätzlich zu den genannten Dachkonstruktionen verschiedene andere Dachkonstruktionen auf technische und fachgerechte Realisierbarkeit, Kostenersparnis, Wärmedämmeigenschaften und letztendlich auch aus gestalterischer Sicht geprüft.

Aus gestalterischer Hinsicht drängt sich die Frage auf, ob sich eine Faserzement-Wellplatten-Deckung eventuell negativ auf den Verkauf der Häuser auswirken könnte, da der „gewöhnliche" Hausbesitzer mit dieser Art der Dachdeckung nach wie vor noch die Asbestproblematik der 70 er und 80 er Jahre in Verbindung bringt. Weiterhin wird sie öfter als „Lagerhallen"-Dachdeckung bezeichnet und somit nicht gerne auf Wohngebäuden, insbesondere nicht auf einem Einfamilienhaus, gesehen.

Aus Kostensicht, wie nach Eingang der Nachunternehmeranfragen und nachfolgend noch an Hand eines Kostenvergleiches gezeigt wird, stellte sich eine Ziegeldeckung sogar als günstigere Alternative zur Faserzement-Welldeckung heraus.

Somit konnte die Faserzement-Welldeckung bereits relativ früh aus dem Kreis der möglichen Eindeckungen ausgeschlossen werden.

Eine Schwierigkeit lag jedoch darin, eine Dacheindeckung bzw. -konstruktion zu finden, die es technisch zulässt, die notwendige Regeldachneigung von 22° für gefalzte Dachsteine entsprechend den „Regeln für Dachdeckungen" für Ziegeldächer um etwa 10° zu unterschreiten. Dies schränkte die Auswahl der hierfür zugelassenen Eindeckung deutlich ein. Die vorläufige Entscheidung fiel auf einen Ton-Dachziegel der Firma Ergolsbacher, Typ „Karat", der eine Zulassung bis zu einer Dachneigung von 10° besitzt.

3. Kostenvergleich Dacheindeckung

Pos. Nr.	Beschreibung	Menge	ME	Wellfaser-Zementplatten Einheits-preis	Gesamt-preis	Ziegeldeckung "Ergolsbacher Karat" Einheits-preis	Gesamt-preis
1.	Unterspannbahn über Sparren, PE-Folie diffusionsoffen, "DELTAFOL PVG" o.glw.	2.400,00	m²	4,65 €	11.160,00 €	4,65 €	11.160,00 €
2.	Konterlattung, 30 / 50 mm	2.400,00	m²	1,50 €	3.600,00 €	1,50 €	3.600,00 €
3.a	Dachlattung, 40 / 60 mm (lt. Eternit-Verlegevorschrift, Stand Nov.	2.400,00	m²	4,90 €	11.760,00 €		-
3.b	Dachlattung, 30 / 50 mm (lt. Fachregeln DDH, Stand Sept. 2000)	2.400,00	m²		-	1,60 €	3.840,00 €
4.a	Dacheindeckung Wellfaser-Zementplatte, Wellklassik Standard o. glw.	2.400,00	m²	24,20 €	58.080,00 €		-
4.b	Tondachziegel-Deckung, Ergolsbacher Karat o.glw.	2.400,00	m²		-	27,10 €	65.040,00 €
5.a	Firsteindeckung Wellfaser-Zementplatte, Wellklassik Standard o. glw.	195,00	lfm	40,60 €	7.917,00 €		-
5.b.1	Firsteindeckung Tondachziegel-Deckung, Ergolsbacher Karat o.glw.	195,00	lfm		-	23,60 €	4.602,00 €
5.b.2	Firstendscheibe Tondachziegel-Deckung, Ergolsbacher Karat o.glw.	14,00	Stk.		-	5,50 €	77,00 €
6.a.1	Traufausbildung Wellfaser-Zementplatte, Wellklassik Standard o. glw.	390,00	lfm	20,15 €	7.858,50 €		-
6.a.2	Traufzahnleiste Wellfaser-Zementplatte, Wellklassik Standard o. glw.	390,00	lfm	11,95 €	4.660,50 €		-
6.b	Traufausbildung entfällt, Ergolsbacher Karat o.glw.			-		-	
7.a	Ortgangausbildung Wellfaser-Zementplatte,	180,00	lfm	37,80 €	6.804,00 €		-
7.b	Ortgangausbildung Tondachziegel-Deckung,	180,00	lfm		-	24,10 €	4.338,00 €
8.a	Dachdurchführung/Entlüftung Wellfaser-Zementplatte, Wellklassik Standard o. glw.	80,00	Stk.	90,60 €	7.248,00 €		
8.b	Dachdurchführung/Entlüftung Tondachziegel-Deckung, Ergolsbacher Karat o.glw.	80,00	Stk.		-	55,90 €	4.472,00 €
				Summe:	**119.088,00 €**	**Summe:**	**97.129,00 €**

Trotz des, auf die Fläche bezogenen, relativ günstigen Preises unterliegt die Wellfaser-Zementplatte der Tonziegeldeckung aus Sicht der Herstellkosten. Dies liegt letztendlich an den hohen Kosten der für das Wellfaser-Zementdach benötigten Formteile wie Firsthaube, Ortgang- sowie Traufprofile, die den Kostenvorteil des Tondachziegels begründen.

Somit wurde die Entscheidungsfindung des Bauherrn bei der Auswahl der zur Ausführung kommenden Dacheindeckung deutlich vereinfacht, zumal ihm bei Ausführung der kostengünstigeren Tondachziegeldeckung , Fabrikat „Ergolsbacher Karat", eine entsprechende Minderkostenvergütung zustehen würde und diese sicherlich ein besseres Verkaufsargument, im Vergleich zu der ursprünglich gewählten Wellfaser-Zementplattendeckung, für die Häuser wäre.

4. Dachkonstruktion

Für die Dachkonstruktion wurden in Anlehnung an die ursprüngliche Ausschreibung zwei System auf Ihre Ausführbarkeit, technische Eignung und natürlich auch aus Kostensicht geprüft.

Zur Auswahl standen:

1. Konventionelle Dachkonstruktion
    Ausführung als Sparrendach, Sparren nach Statik 6/24 cm,
    mit Traufbohle und Firstpfette

    Dachaufbau:
    Tondachziegel „Ergolsbacher Karat"
    Unterspannbahn DELTAFOL PVG
    Zwischensparrendämmung, Mineralfaser, WLG 040, Dicke 240 mm
    Dampfsperrbahn, PE-Folie, Dicke 0,5 mm
    Gipskartonverkleidung, einlagig, Dicke 12,5 mm

2. Großformatiges, statisch tragendes Dämmelement für Steildächer
    System „UNIDEK HD 5.0 XLG"

    Dachaufbau:
    Tondachziegel „Ergolsbacher Karat"
    Außenplatte, Spanplatte V100 E1, beschichtet, wasserabweisend, Dicke 7mm
    Dämmkern, EPS, WLG 035, Dicke 195 mm
    Innenplatte, Spanplatte V100 G-E1, beschichtet mit weißer Folie, Dicke 7mm

Zum einen handelt es sich um eine hinlänglich bewährte Standarddachkonstruktion, wie sie von jeden Zimmermanns- oder auch Dachdeckerbetrieb ausgeführt werden kann und deren innere Oberfläche aus Gipskartonbauplatten nach Wahl des Bewohners bzw. Eigentümers endbehandelt werden kann, zum anderen um eine weitestgehend vorgefertigte, elementierte und relativ schnell zu verlegende Systemkonstruktion, deren innere Schale, V100-Spanplatten mit weißer Folie beschichtet, bereits oberflächenfertig auf die Baustelle geliefert wird. Diese kann jedoch bei Bedarf nachbehandelt werden. Von Nachteil bei diesem System ist jedoch, dass die endbehandelte Oberfläche bereits in der Rohbauphase eingebracht wird und somit bei weiteren Ausbauarbeiten beschädigt werden kann.

Die Anforderungen an den baulichen Wärmeschutz liegen entsprechend den Baubehördlichen Auflagen für das Dach bei **U-Wert $\leq$ 0,200 W / m²*K** (Basis WSchVO '95).

Als problematisch erwies sich bei der Auswahl zusätzlich die erforderliche Dachneigung von 12°, die besondere Anforderungen an den gewählten Ziegel sowie das evtl. erforderliche Unterdach stellt.

4.1 Konventionelle Dachkonstruktion

Für die Dachkonstruktion wurde ein konventioneller Dachaufbau, bestehend aus Sparren mit Zwischensparrendämmung und unterseitiger Gipskartonplattenverkleidung, gewählt und überprüft.

Entsprechend den Anforderungen an den Wärmeschutz als Niedrigenergiehaus (nach WschVO '95) musste das Dach im Bauteilverfahren einen U- (bzw. k-) Wert von $\leq 0,200$ W / m²*K erreichen. Hierbei wurden zwei Dämmstärke, 200 mm und 240 mm, Material Mineralfaser, WLG 040, geprüft.

Bei einer Dämmstärke von 200 mm Mineralfaser wurde ein U-Wert von 0,205 W / m²*K erreicht, was den erforderliche U-Wert leicht übersteigt. Daher wurde eine Dämmstärke von 240 mm gewählt und somit die Vorgaben von U $\leq 0,200$ W / m²*K deutlich unterschritten.

Bauvorhaben:	40 Reihenhäuser					
	Regenweg / Altmühlstraße		**Normbedingungen:**	Aussen	-10,00 °C	
				Innen	20,00 °C	
				q=	5,191	

Schicht Nr.	Baustoff	Schicht-dicke s [m]	Wärme-koeffizient [λ]	Flächen-anteil	s / λ [m²*K / W]	Temperatur-verlauf [°C]
						-10,00 °C
Äusserer Wärmeübergang		0,05			0,130	
						-9,33 °C
Baustoff 1	Ziegeldach	0,10	-		0,000	
						-9,33 °C
Baustoff 2					5,550	
Baustoff 2a	Mineralfaser-dämmung WLG 040	0,24	0,040	90,63%	5,438	
Baustoff 2b	Sparren 6/24 cm	0,24	0,130	9,38%	0,113	
						19,48 °C
Baustoff 3	Dampfsperre, PE-Folie, 0,20 mm	-	-		0,000	
						19,48 °C
Baustoff 4	Gipskartonplatte, 1.Lage	0,01	0,210		0,060	
						19,79 °C
Baustoff 5						19,79 °C
Innerer Wärmeübergang		0,05			0,040	
		Summe [s/λ]			**5,780**	20,00 °C

Berechnung U- (k-)Wert

$$\text{U- (k-)Wert} = \frac{1}{\Sigma \, [s/\lambda]} \quad \frac{1}{5,780} = 0,173 \text{ W / m²*K}$$

U- (k-)Wert $= \underline{0,173 \text{ W / m²*K}}$

4.2 Vorgefertigtes Dachelement UNIDEK HD 5.0 XLG

Hierbei handelt es sich um ein, in den Niederlanden, weit verbreitetes Systemdach, dass sich bisher auf dem deutschen Markt noch nicht durchgesetzt hat.

Die Konstruktion ist denkbar einfach gehalten, aber dennoch gut durchdacht. Sie besteht aus verleimten Holzträgern in I-Form, die mit expandierten und beidseitig mit Spanplatten beschichteten Polystyrolelementen (EPS) ausgefacht sind.

Die äußere Spanplatte ist mit einer grünen Folie beschichtet und als wasserführende Schicht ausgelegt, was einer Unterspannbahn bei einer konventionellen Dachkonstruktion entsprechen würde.

Die innere Spanplatte ist beidseitig mit Folie beschichtet, wobei die zum Kern hin gewandte als Dampfsperre wirkt und die äußere, dem Innenraum zugewandte, als fertige, weiße Oberfläche dient.

Entsprechend den Anforderungen an den deutschen Markt wird der U-Wert des Elementes von Hersteller mit 0,199 W / m²*K angegeben, also knapp unterhalb der geforderten U ≤ 0,200 W / m²*K für Dächer an Neubauten.

Bauvorhaben: 40 Reihenhäuser
Regenweg / Altmühlstraße

Normbedingungen: Aussen -10,00 °C
Innen 20,00 °C
q= 5,938

Schicht Nr.	Baustoff	Schicht-dicke s [m]	Wärme-koeffizient [λ]	Flächen-anteil	s / λ [m²*K / W]	Temperatur-verlauf [°C]
						-10,00 °C
Äusserer Wärmeübergang		0,05			0,130	
						-9,23 °C
Baustoff 1	Ziegeldach	0,10	-		0,000	
						-9,23 °C
Baustoff 2	Spanplatte V100 E1, 7 mm	0,007	0,170		0,041	
						-8,98 °C
Baustoff 3	**UNIDEK Dämmelement**	0,192	0,040		4,800	
						19,52 °C
Baustoff 4	Spanplatte V100 G-E1, 7 mm	0,007	0,170		0,041	
						19,76 °C
Innerer Wärmeübergang		0,05			0,040	
				Summe [s/λ]	**5,052**	20,00 °C

Berechnung U- (k-)Wert

$$U\text{- (k-)Wert} = \frac{1}{\Sigma\,[s/\lambda]} \quad \frac{1}{5,052} = 0,198\ W / m^2{}^*K$$

U- (k-)Wert = 0,198 W / m²*K

(Rechnerische U-Wert-Überprüfung)

4.3 Kostenvergleich Dachkonstruktionen

Beide Arten der Dachkonstruktion weisen verschiedene systemzugehörige Eigenheiten bzw. Konstruktionsmerkmale auf, die sich entsprechend mehr oder weniger deutlich in den Kosten für die Erstellung eines Daches niederschlagen. Somit ist ein direkter Kostenvergleich auf Basis von einzelnen Positionen nicht möglich, sondern muss über die gesamte zu erstellende Dachfläche mit zugehörigen Leistungen und Nebenleistungen durchgeführt werden.

Ein Beispiel:
Das Dämmelement im Zwischensparrenbereich des vorgefertigte Systemdach „UNIDEK" (bestehend aus Außenschale analog zur Unterspannbahn, Dämmkern aus Polystyrol analog zur Mineralfaser-Zwischensparrendämmung aus dem Gewerk Trockenbau und Innenschale analog zur Gipskartonplattenverkleidung) vereinigt Leistungen verschiedener Gewerke, hier Dachdeckerarbeiten (Unterspannbahn) und Trockenbauarbeiten (Zwischensparrendämmung und Verkleidung) der konventionellen Dachkonstruktion.

Daher muss ein Kostenvergleich gewerkübergreifend durchgeführt werden.

Kostenvergleich Dachsysteme UNIDEK / konventionell (Basis: Nachunternehmerangebot Stand Juli 2002)

An Hand dieses Kostenvergleiches wird deutlich, dass die konventionelle Dachkonstruktion noch immer einen deutlichen Preisvorteil, in diesem Beispiel von 47.725,98 €, gegenüber der vorgefertigten Dachkonstruktion, System UNIDEK, besitzt.

Dies ist sicherlich auf einen nicht unerheblichen Preisverfall auf Grund der hohen Konkurrenzsituation am Markt, dem Einsatz von Arbeitnehmern aus Billiglohnländern oder sogar ausländischen Nachunternehmern, aber auch auf gesunkene Materialpreise insbesondere für Holz- und Ziegelwaren zurückzuführen.

Aus diesen genannten Gründen fiel die Entscheidung für die konventionelle Dachkonstruktion, deren Ausführung ab September 2002 ansteht.

5. Anforderungen an die konventionelle Dachkonstruktion

Wie bereits zu Beginn dieser Arbeit erwähnt erfolgt die Ausführung der Dächer der zu erstellenden 40 Reihenhäuser mit einer Dachneigung von 12° sowie in Niedrigenergiebauweise. Dies stellt entsprechend erhöhte Anforderungen an die Ausführung des Gebäudes, aber auch an die Ausführung der Dachkonstruktion, wobei an dieser Stelle ausschließlich auf die zu erstellenden Dächer eingegangen wird.

Für einen Dachkonstruktion gibt es Regeln, Normen und Ausführungsbestimmungen, die unter anderem vom Zentralverband des Deutschen Dachdeckerhandwerks herausgegeben werden und einzuhalten bzw. anzuwenden sind.

Im vorliegenden Fall liegt eine der Schwierigkeiten darin, dass die, für eine Dachdeckung mit gefalzten und profilierten Dachsteine, gleich ob Beton oder Ton, vorgegebene Regeldachneigung von mindestens 22° deutlich unterschritten wird. Dies hat zur Folge, dass geeignete Maßnahmen zu treffen sind, die die Dichtigkeit der Dachfläche gewährleisten.

Für diesen Fall sehen die Fachregeln des Dachdeckerhandwerks (FDD) vor, dass erhöhte Anforderungsbedingungen zu prüfen sind. Diese ergeben sich aus der gewählten Dachneigung, der Dachkonstruktion, der Nutzung, vorherrschender klimatischer Verhältnisse sowie örtlichen Bestimmungen.

5.1 Dachneigung
Hierbei ist von erhöhten Anforderungen auszugehen, da die vorgesehene Regeldachneigung für Flachdachpfannen von 22° deutlich um 10° unterschritten wird.

5.2 Konstruktion
Erhöhte Anforderungen aus konstruktiven Besonderheiten wären stark gegliederte Dachflächen, besondere Dachformen oder große Sparrenlängen (l ≥ 8,00 m). Keine dieser Bedingungen wird in diesem Fall erfüllt, da es sich um ein einfaches Satteldach mit einer „normalen" Sparrenlänge von etwa 5,50 m handelt.

5.3 Nutzung

Die Nutzung des Dachgeschosses, insbesondere als Wohnraum, stellt eine erhöhte Anforderung an die Dachfunktion dar. Da es sich bei dem zur Ausführung kommenden Dachgeschoss um ein voll zur Nutzung vorgesehenes handelt, muss diese erhöhte Anforderung berücksichtigt werden.

5.4 Klimatische Verhältnisse

Erhöhte Anforderungen ergeben sich bei exponierter Lage des Gebäudes, extremen Standorten, schnee- und windreichen Gebieten sowie bei besonderen Witterungsverhältnissen. Da sie das Bauvorhaben im innerstädtischen Bereich in Mannheim (Schneelastzone II, Geländehöhe des Bauwerks ≤ 200 m ü. NN.) befindet, sind hier keine erhöhten Anforderungen zu erwarten.

5.5 Örtliche Bestimmungen

Aus folgenden örtlichen Bestimmungen können erhöhte Anforderungen hervorgehen: Landesbauordnung; bauaufsichtliche Vorschriften; Städte-, Kreis- und Gemeindeverordnungen oder -satzungen; Auflagen des Denkmalschutzes.
Von Seite der zuständigen baubehördlichen Institutionen wurden keinerlei Vorschriften und Auflagen vorgegeben. Somit sind hier keine erhöhten Anforderungen zu berücksichtigen.

Somit sind für die Erstellung der Dachkonstruktion zwei erhöhte Anforderungen aus der Unterschreitung der Regeldachneigung und der Nutzung als Wohnraum zu beachten bzw. zu berücksichtigen.

Daraus ergeben sich folgende Zusatzmaßnahmen für Flachdachpfannen:

Dachneigung	Eine erhöhte Anforderung	Zwei erhöhte Anforderungen	Eine bis drei erhöhte Anforderungen
22° bis 16°	3. Unterspannung	2.2 Unterdeckung überlappt oder verfalzt	2.1 Unterdeckung verschweißt oder verklebt
16° bis 14°	1.2 Regensicheres Unterdach	1.2 Regensicheres Unterdach	1.1 Wasserdichtes Unterdach
14° bis 12°	1.2 Regensicheres Unterdach	**1.2 Regensicheres Unterdach**	1.1 Wasserdichtes Unterdach
12° bis 10°	1.1 Wasserdichtes Unterdach	1.1 Wasserdichtes Unterdach	1.1 Wasserdichtes Unterdach

(Zusatzmaßnahmen aus Fachregeln des Dachdeckerhandwerks (FDD), Stand Sept. 2000)

6. Vorgesehene Ausführung der konventionelle Dachkonstruktion unter Berücksichtigung der erhöhten Anforderungen

Aus der zuvor genannten Tabelle der Fachregeln des Dachdeckerhandwerks (FDD) ergeben sich Maßnahmen, die mit einer Standard-Flachdachpfanne nicht bzw. nur unter größerem Aufwand zu erreichen sind.

Da diese erhöhten Anforderungen gleichbedeutend mit einem erhöhten Kostenaufwand sind, wurde eine weitergehende Prüfung der gewählten Dacheindeckung bzw. -konstruktion erforderlich.

Da diese Problemstellung bei dem Hersteller des Tondachziegels „Karat" (Fa. Erlus) als auch dem Hersteller der Unterspannbahn DELTA-FOL PVG (Fa. Dörken) bekannt war, stellten diese beiden Firmen entsprechende Unterlagen zur Verfügung, wonach die erhöhten Anforderungen über die Kombination der beiden Produkte gesichert war.

Dachneigung	Eine erhöhte Anforderung	Zwei erhöhte Anforderungen	Drei erhöhte Anforderungen
> 22°	DELTA-FOL SPF o. DELTA-MAXX auf Sparren Überdeckung > 10 cm	DELTA-FOL SPF o. DELTA-MAXX auf Sparren Überdeckung > 10 cm	DELTA-FOL PVG o. DELTA-MAXX o. DELTA-FOXX auf Schalung oder Vollsparrendämmung Überdeckung > 10 cm
> 18°	DELTA-FOL SPF o. DELTA-MAXX auf Sparren Überdeckung > 20 cm	DELTA-FOL PVG o. DELTA-MAXX o. DELTA-FOXX auf Schalung oder Vollsparrendämmung Überdeckung > 20 cm	DELTA-FOL PVG o. DELTA-MAXX o. DELTA-FOXX auf Schalung oder Vollsparrendämmung Überdeckung > 10 cm mit Verklebung
> 16°	DELTA-FOL SPF o. DELTA-MAXX auf Sparren Überdeckung > 30 cm	DELTA-FOL PVG o. DELTA-MAXX o. DELTA-FOXX auf Schalung oder Vollsparrendämmung Überdeckung > 30 cm	DELTA-FOL PVG o. DELTA-MAXX o. DELTA-MAXX plus o. DELTA-FOXX auf Schalung oder Vollsparrendämmung Überdeckung > 10 cm mit Verklebung
> 10°	DELTA-FOL PVG o. DELTA-FOXX auf Schalung oder Vollsparrendämmung Überdeckung > 40 cm	DELTA-FOL PVG o. DELTA-FOXX auf Schalung oder Vollsparrendämmung Überdeckung > 10 cm mit Verklebung	DELTA-FOXX auf Schalung oder Vollsparrendämmung Überdeckung > 10 cm mit Verklebung u. Nageldichtung

(Zuordnung als Zusatzmaßnahme in Verbindung mit Ergolsbacher Karat-Ziegel, Autor: Ewald Dörken AG)

Zwar weichen die Regelungen der Fa. Dörken in einzelnen Bereichen von denen der Fachregeln des Dachdeckerhandwerks (FDD) ab, was jedoch die Gewährleistungszusicherung des Ziegel- als auch Folienherstellers nicht einschränkt. Von Seiten der Fa. Erlus wird eine Regensicherheit der Ziegeleindeckung (Forderung der FDD) bis 10° Dachneigung garantiert. Dies wurde durch Untersuchungen am Lehrstuhl für Strömungsmechanik in Erlangen untersucht, bestätigt und durch Prüfzeugnisse beurkundet.

Auf Basis dieser Garantie bzw. Zusicherung der Hersteller kann die Dacheindeckung ohne erhöhten Maßnahmen- und Kostenaufwand ausgeführt werden, was entsprechend der ursprünglichen Ausschreibung ganz im Sinne des kostengünstigen Wohnungsbaus ist.